AF377206

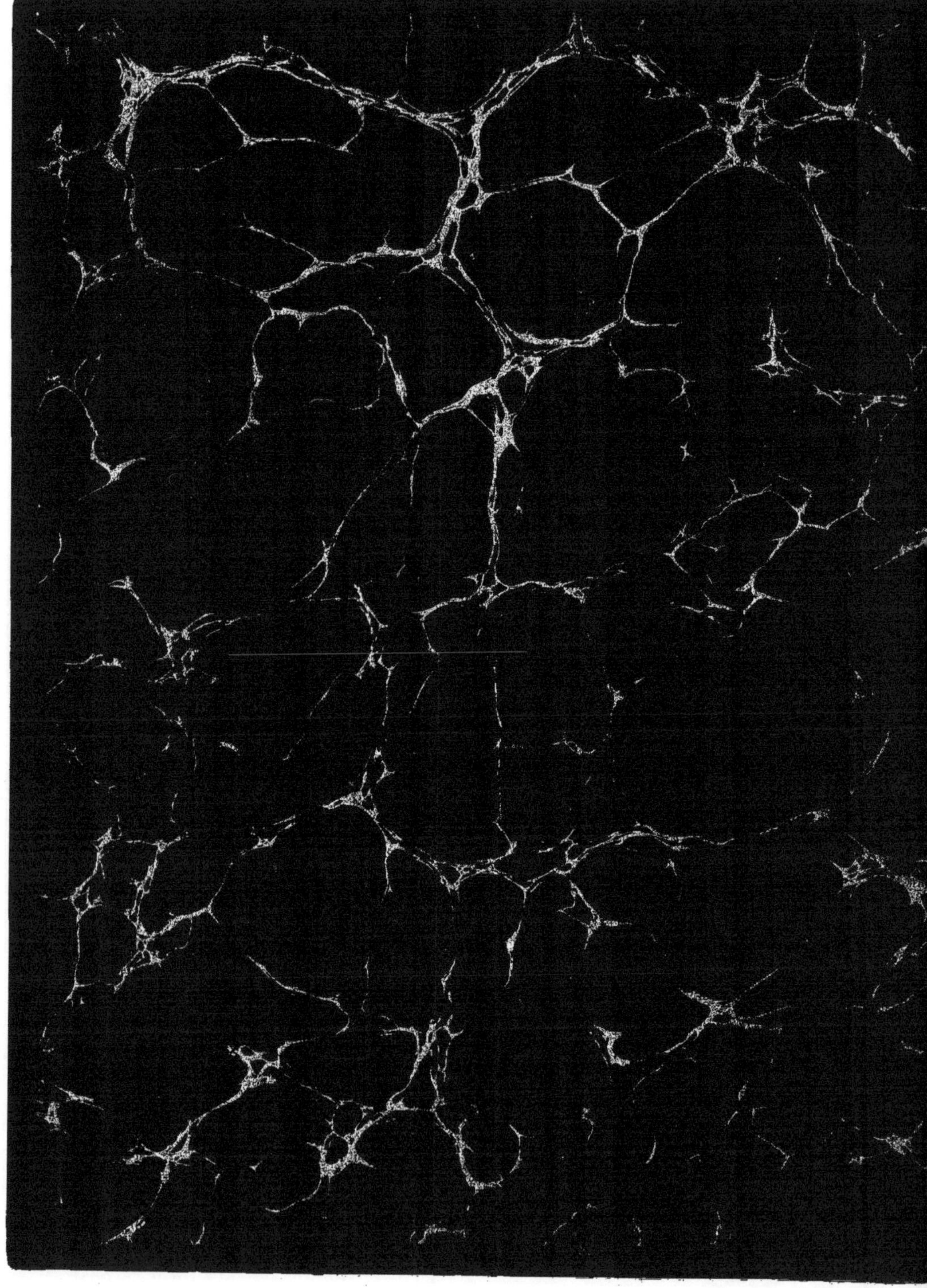

(le texte est in-4°. S)

MS.

ÉTUDES

SUR L'ART D'EXTRAIRE

IMMÉDIATEMENT

LE FER DE SES MINERAIS

SANS CONVERTIR LE MÉTAL EN FONTE

PAR T. RICHARD

INGÉNIEUR DE FORGES ET HAUTS FOURNEAUX

Spécialement chargé, pendant les années 1836 à 1838, des Essais tendant au perfectionnement des Forges du département de l'Ariège

PARIS

LIBRAIRIE SCIENTIFIQUE ET INDUSTRIELLE

DE L. MATHIAS (AUGUSTIN)

15, QUAI MALAQUAIS

1838

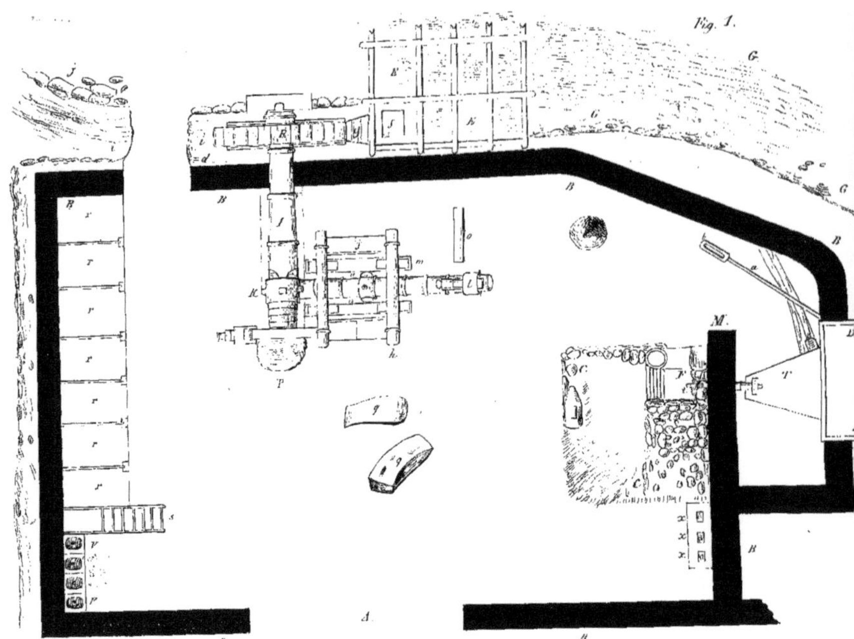

Fig. 1.

Croquis général de la Forge Catalane.

Fig. 2.

Ouvriers tirant le massé.

Fig. 3.

Maillé travaillant la massaque.

Fig. 4.

Piquemine étirant une barre.

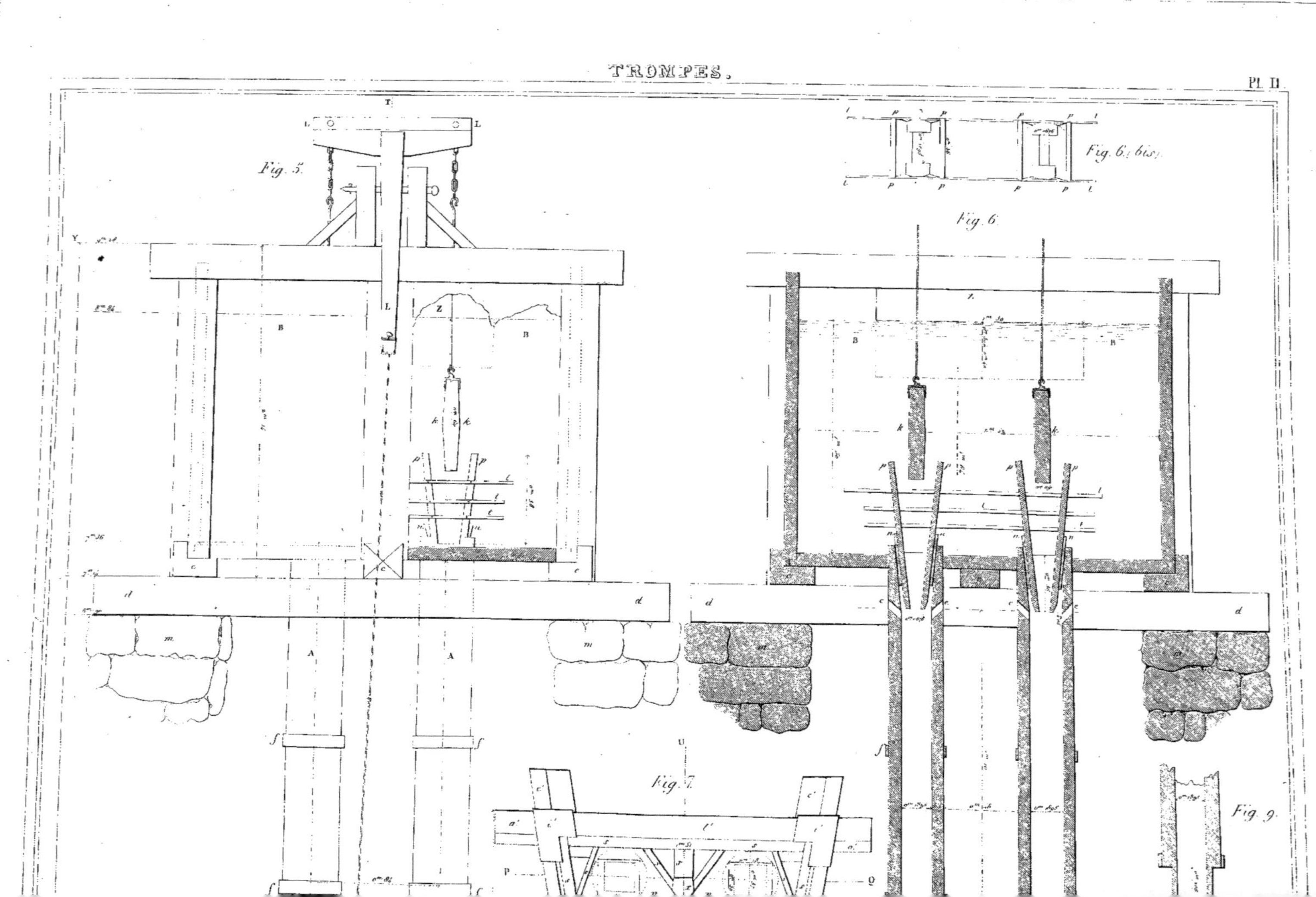

TROMPES.
Pl. II.
Fig. 5.
Fig. 6.
Fig. 6 bis.
Fig. 7.
Fig. 9.

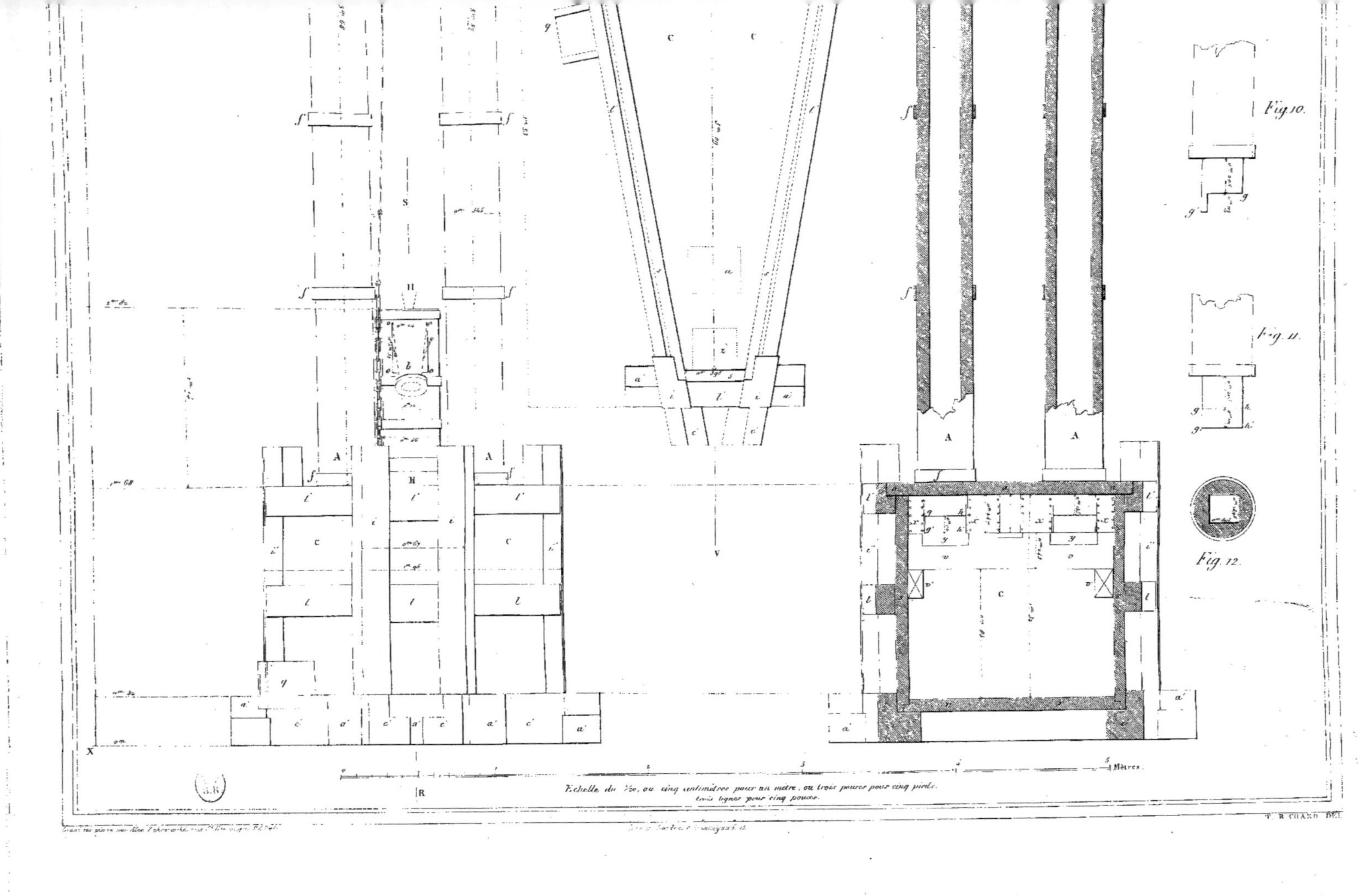

Fig. 10.
Fig. 11.
Fig. 12.
Mètres.
Echelle du ⅕₀, ou cinq centimètres pour un mètre, ou trois pouces pour cinq pieds,
trois lignes pour cinq pouces.
T. R. CHARD DEL.

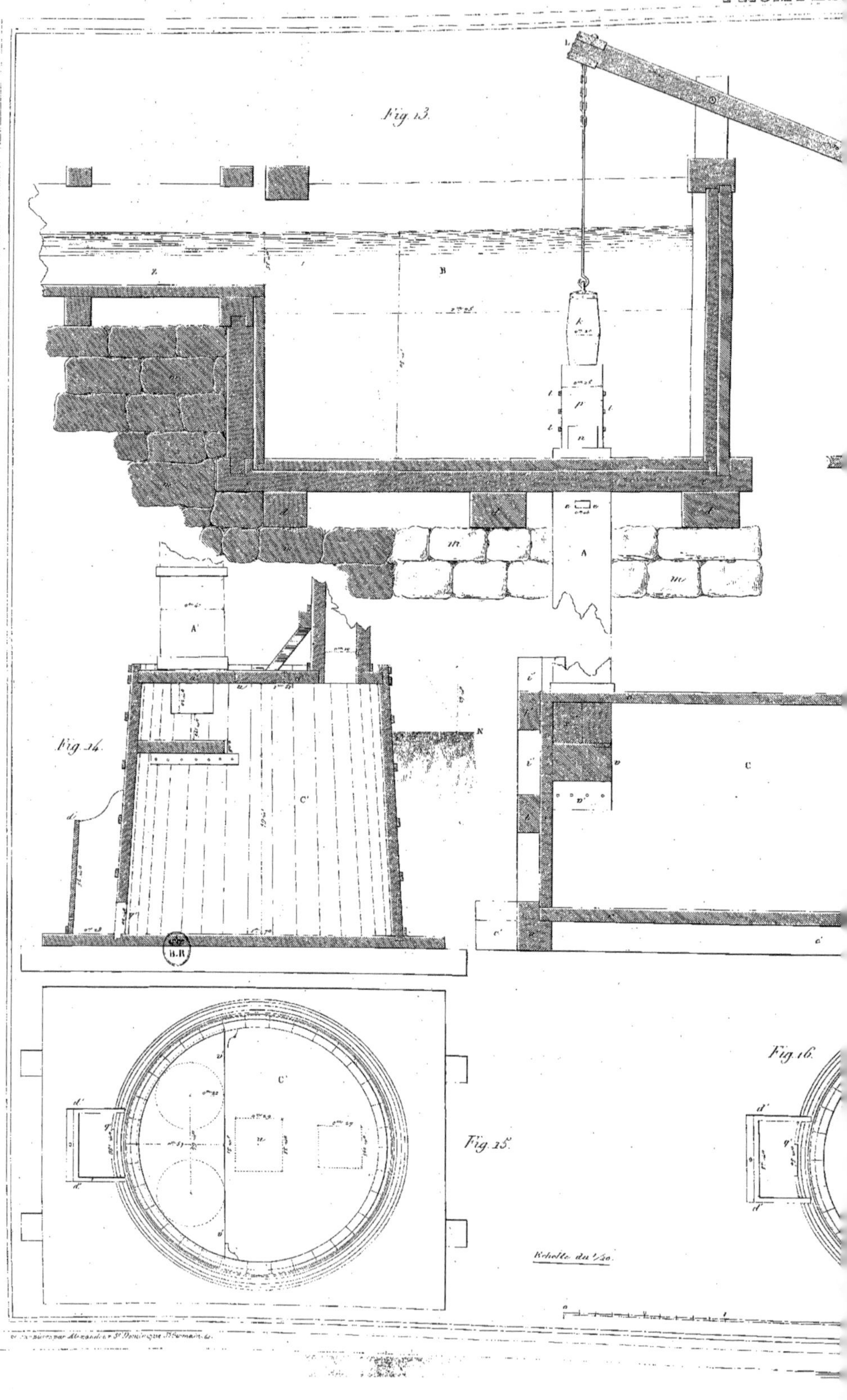

Fig. 13.

Fig. 14.

Fig. 15.

Fig. 16.

Echelle du 1/40.

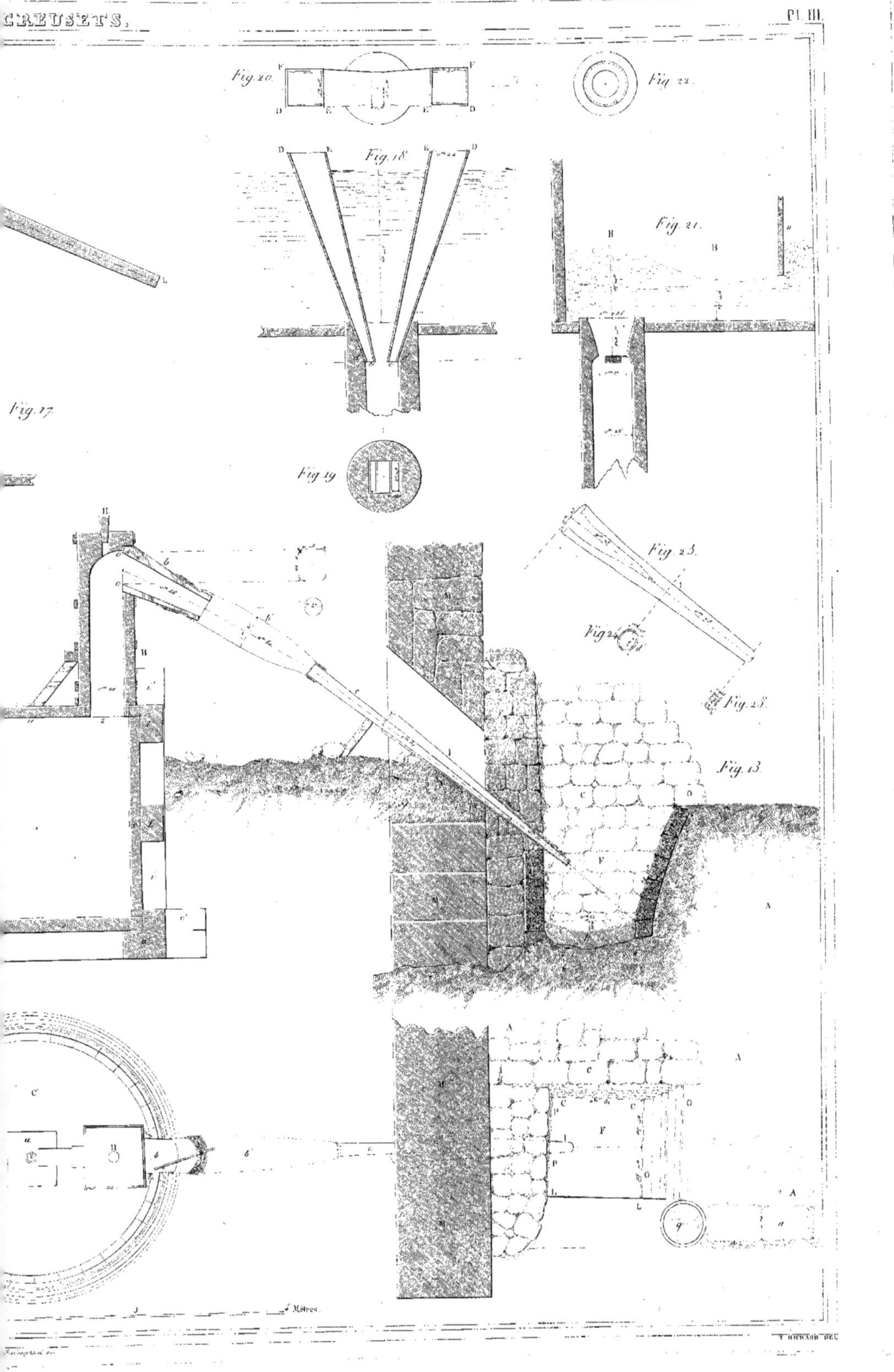
Fig. 20.
Fig. 22.
Fig. 18.
Fig. 21.
Fig. 17.
Fig. 19.
Fig. 23.
Fig. 24.
Fig. 25.
Fig. 13.
Mètres.
T. RICHARD DEL.

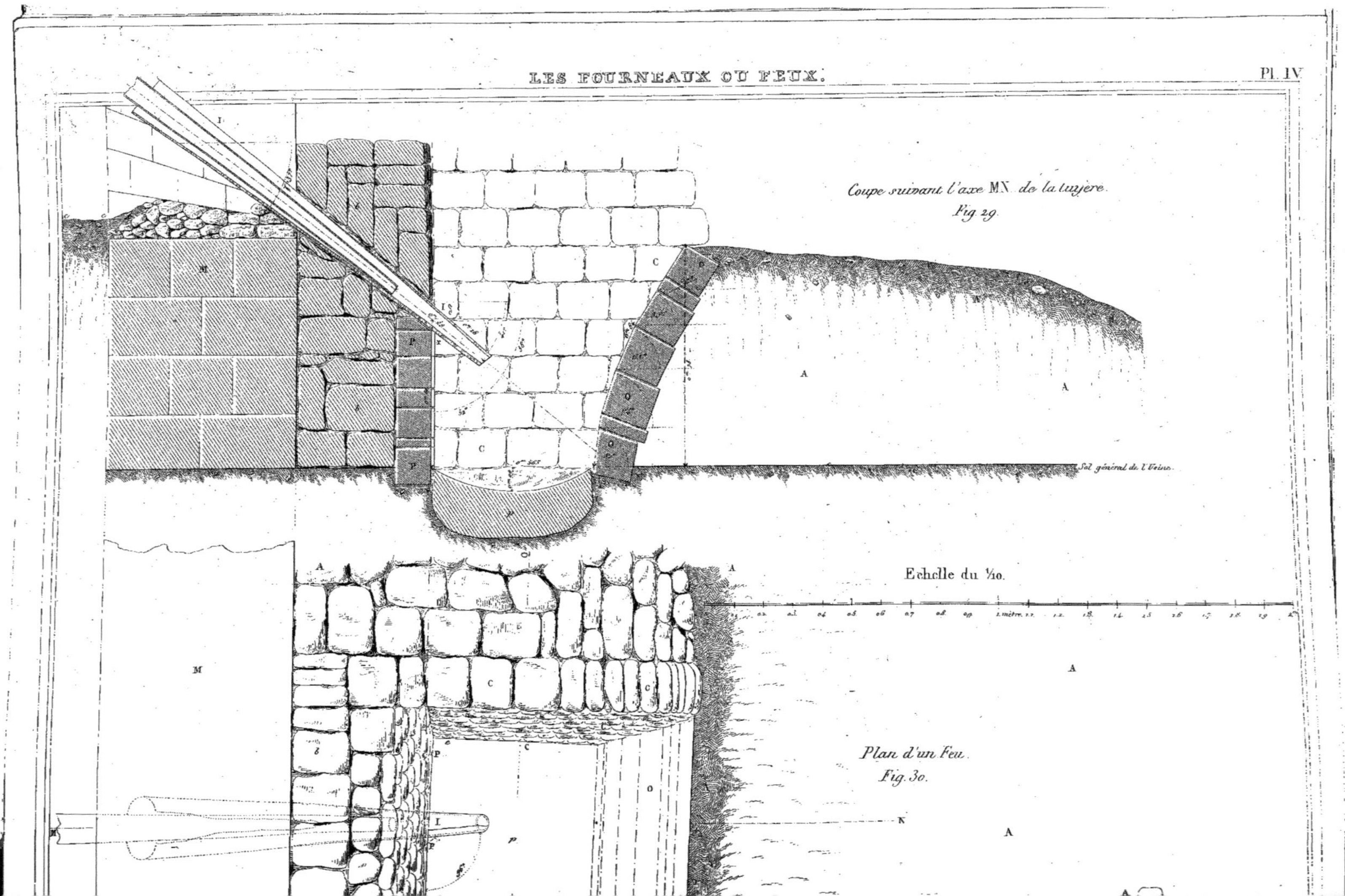
Coupe suivant l'axe MN de la tuyère.
Fig 29.
Sol général de l'Usine.
Echelle du 1/10.
Plan d'un Feu.
Fig. 30.

Coupe suivant P.Q. du Plan.
Fig. 32.
L'élévation d'un Feu vue par devant.
Fig. 31.
Sol de l'Usine.

BASSIN ET ROUE DU MARTEAU.
PL. V
Fig. 43.
Fig. 42.
Chute totale de

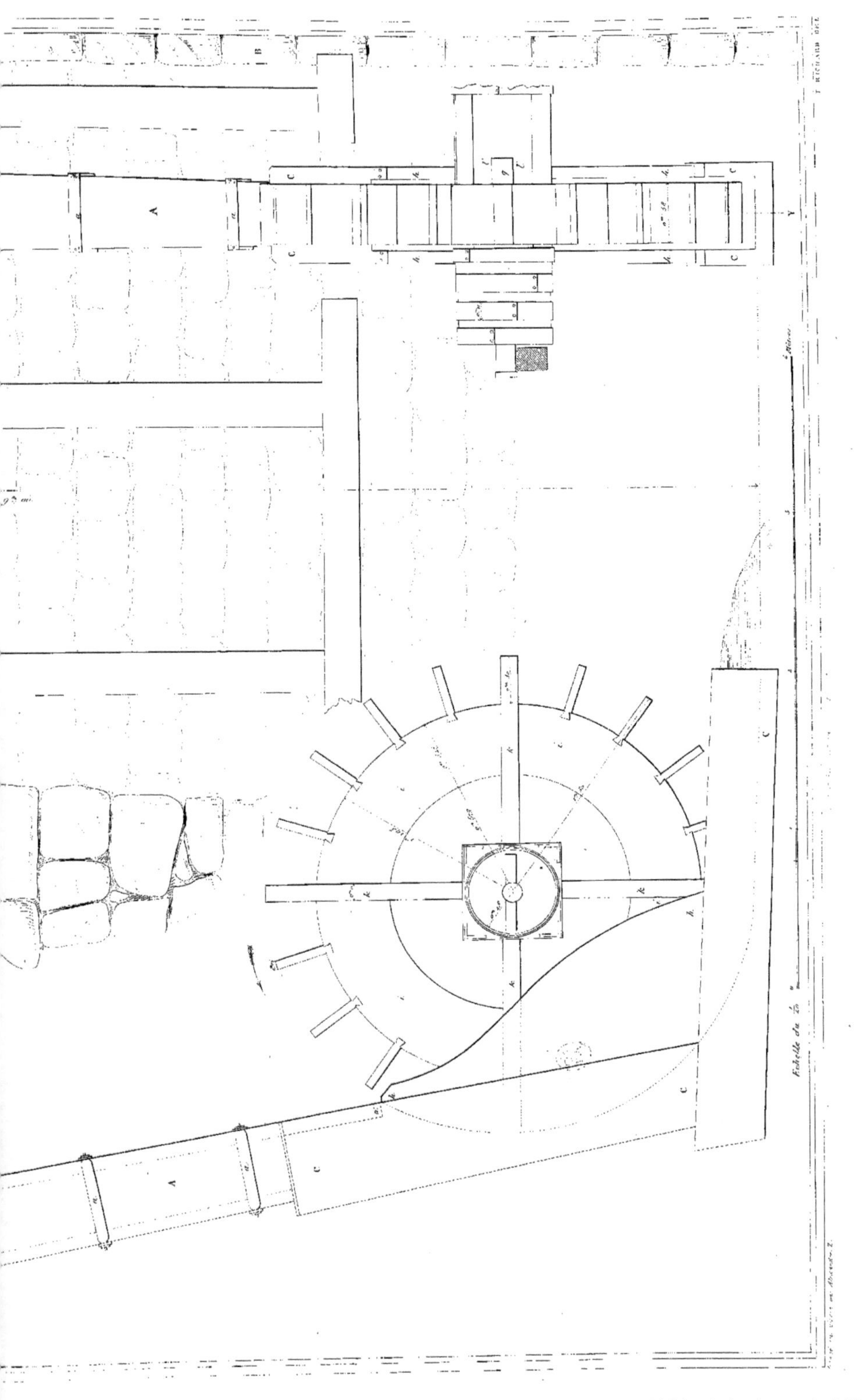

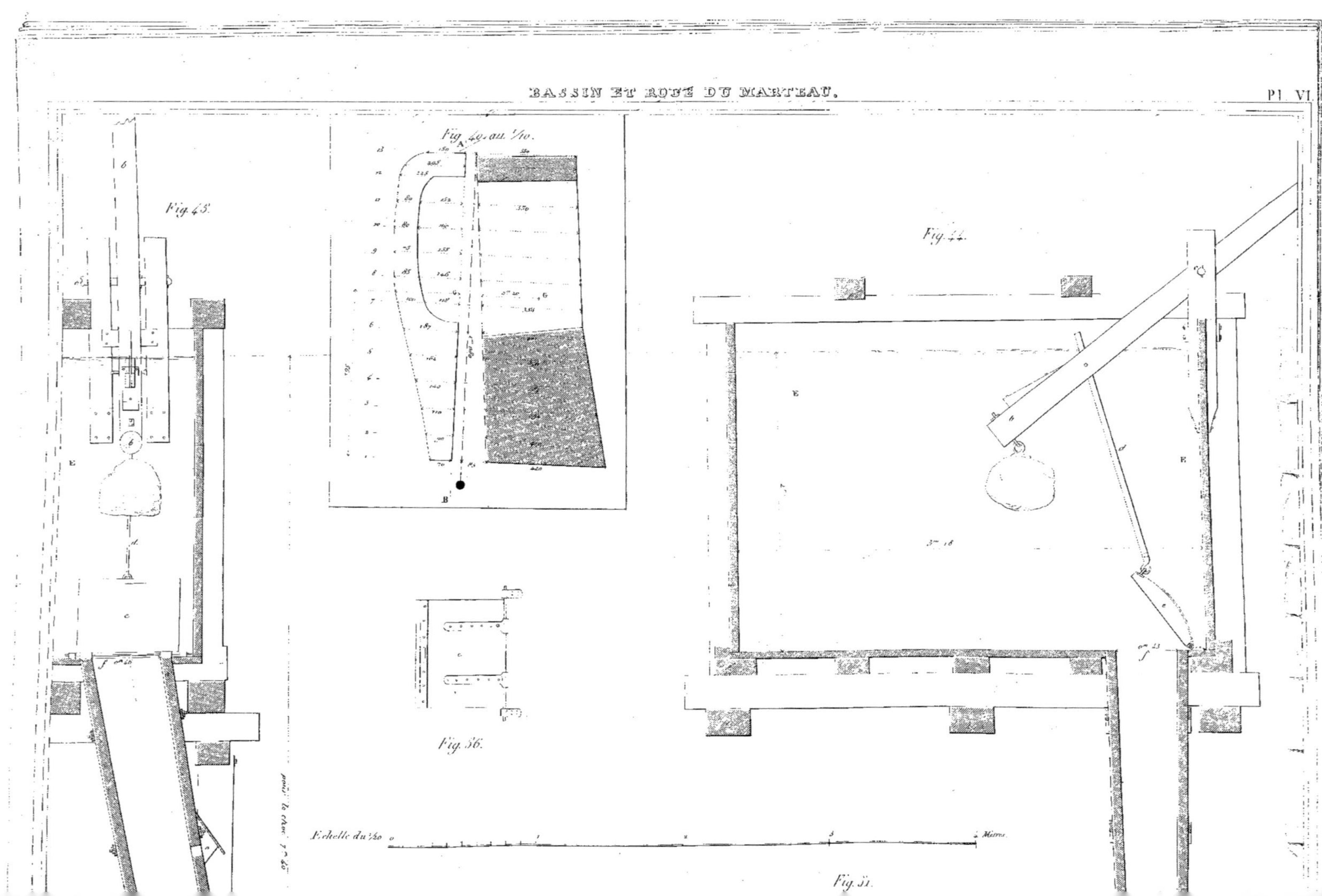

Fig. 43.
Fig. 49. au 1/10.
A
B
Fig. 44.
E
Fig. 56.
Echelle du 1/40
pour le choc 7. 40
Fig. 51.

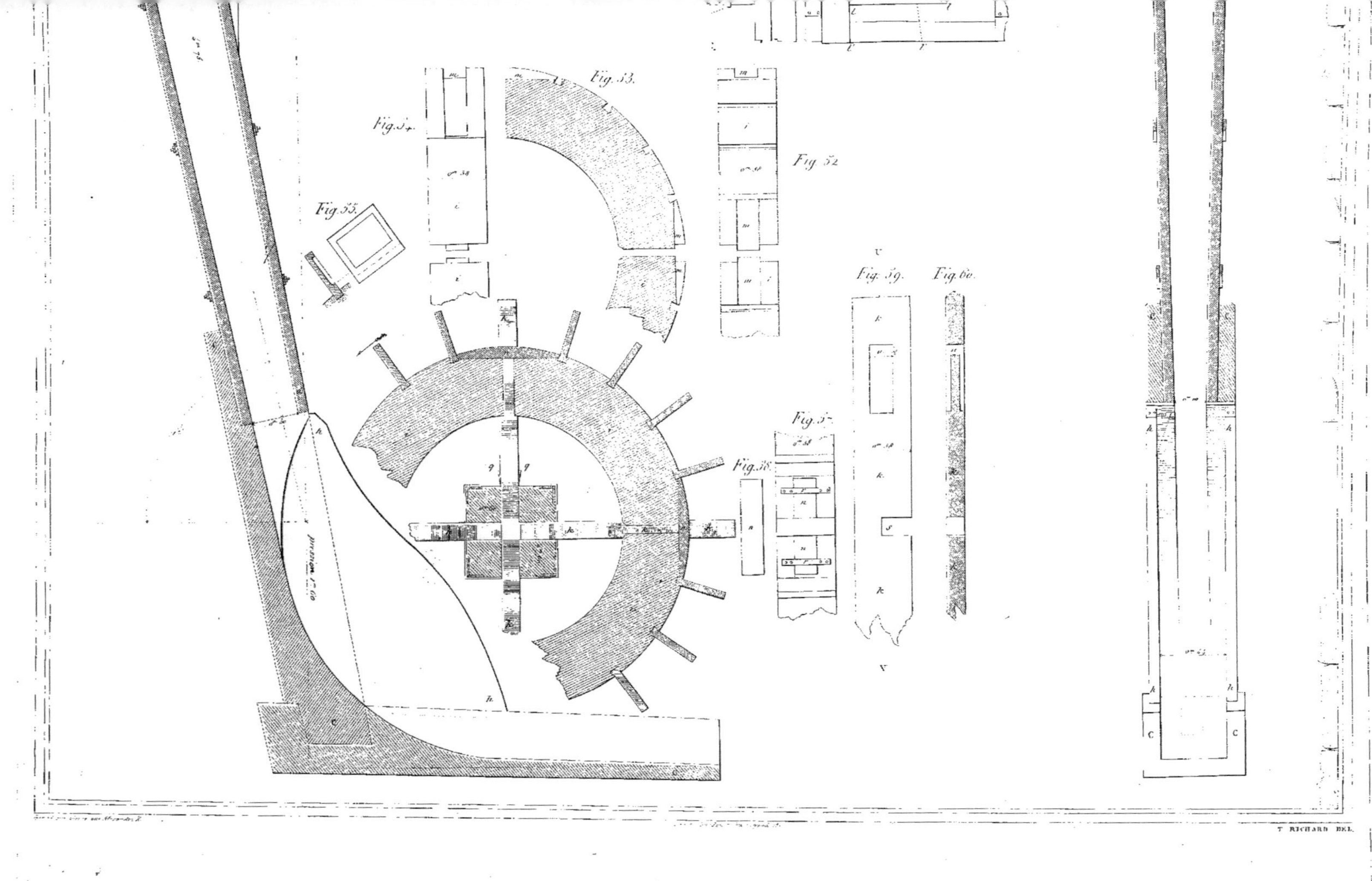

Fig. 54.
Fig. 55.
Fig. 53.
Fig. 52.
Fig. 59.
Fig. 60.
Fig. 57.
Fig. 58.
T. RICHARD DEL.

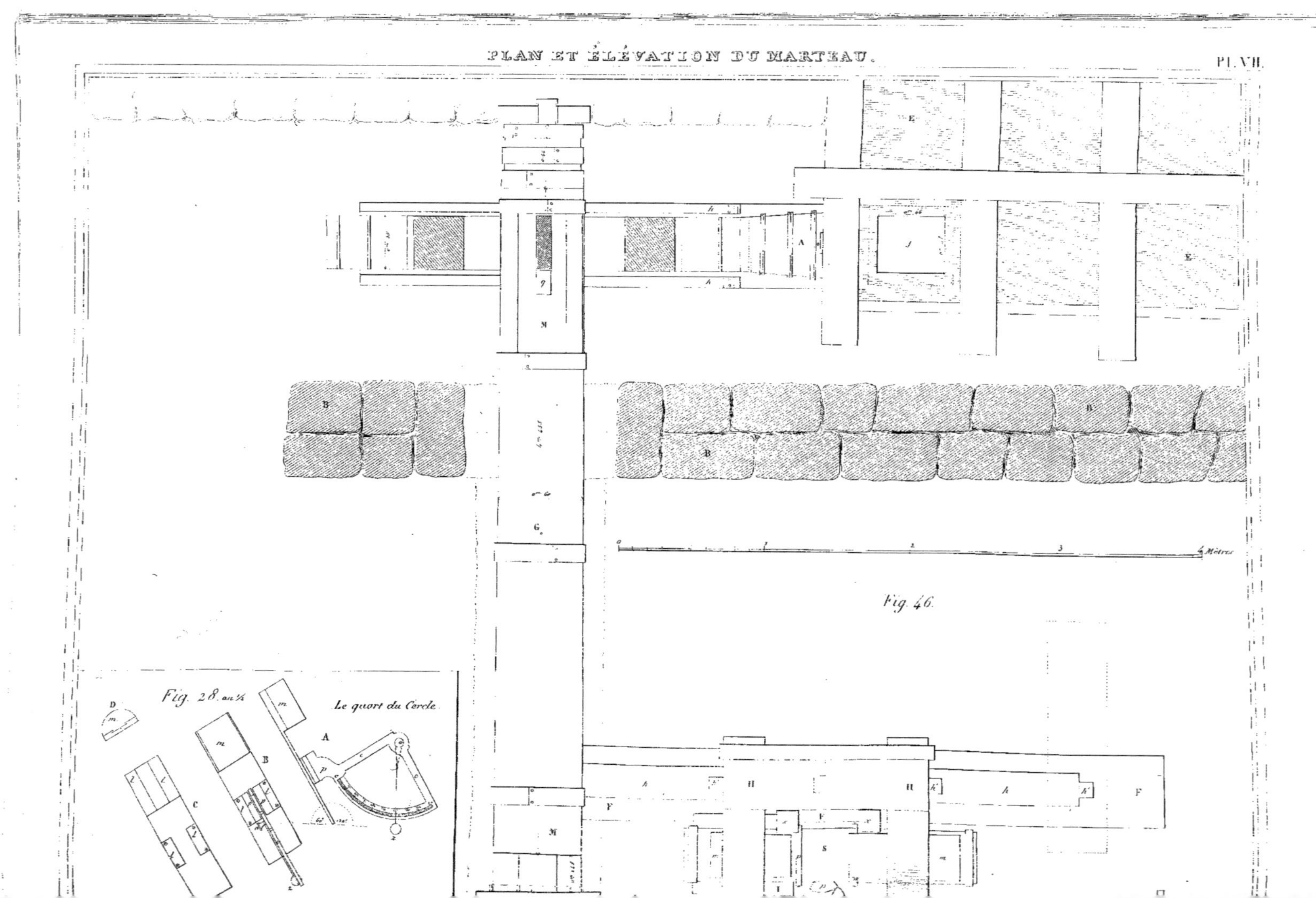

Fig. 46.

Fig. 28. au ¼.

Le quart du Cercle.

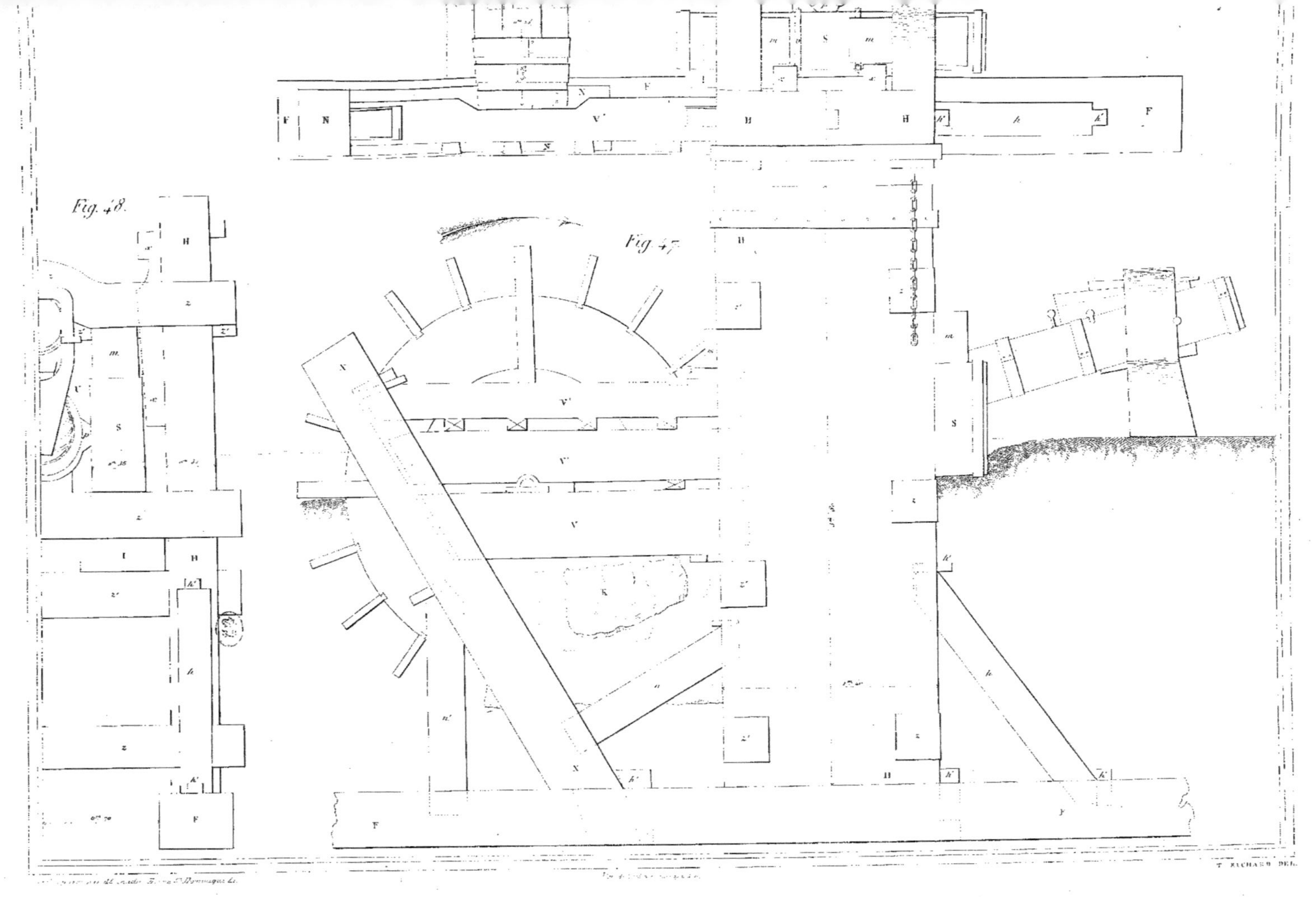

Fig. 48.
Fig. 47.
T. RICHARD DEL.

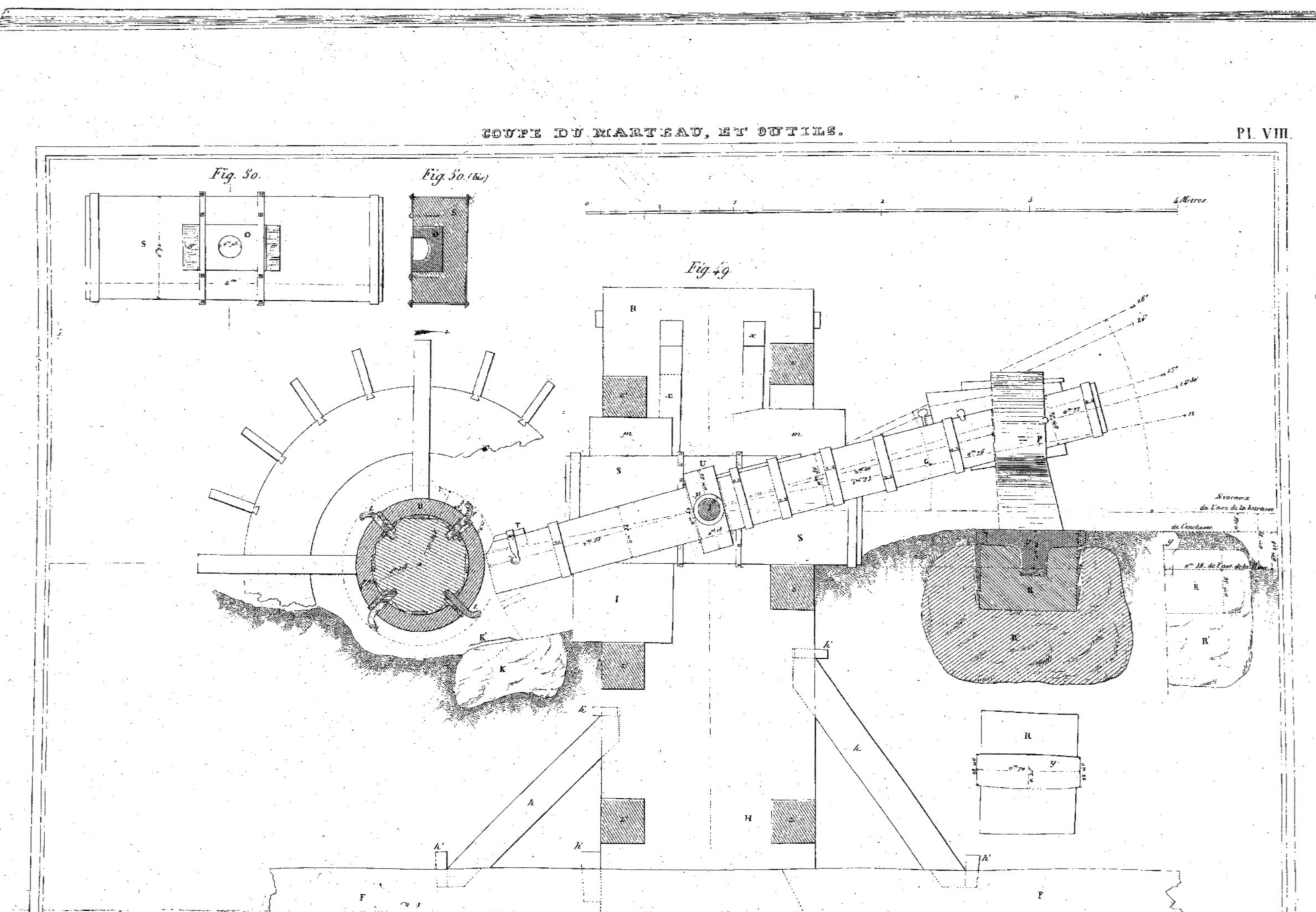
COUPE DU MARTEAU, ET OUTILS.
PL. VIII.
Fig. 50.
Fig. 50. (bis)
Fig. 49.

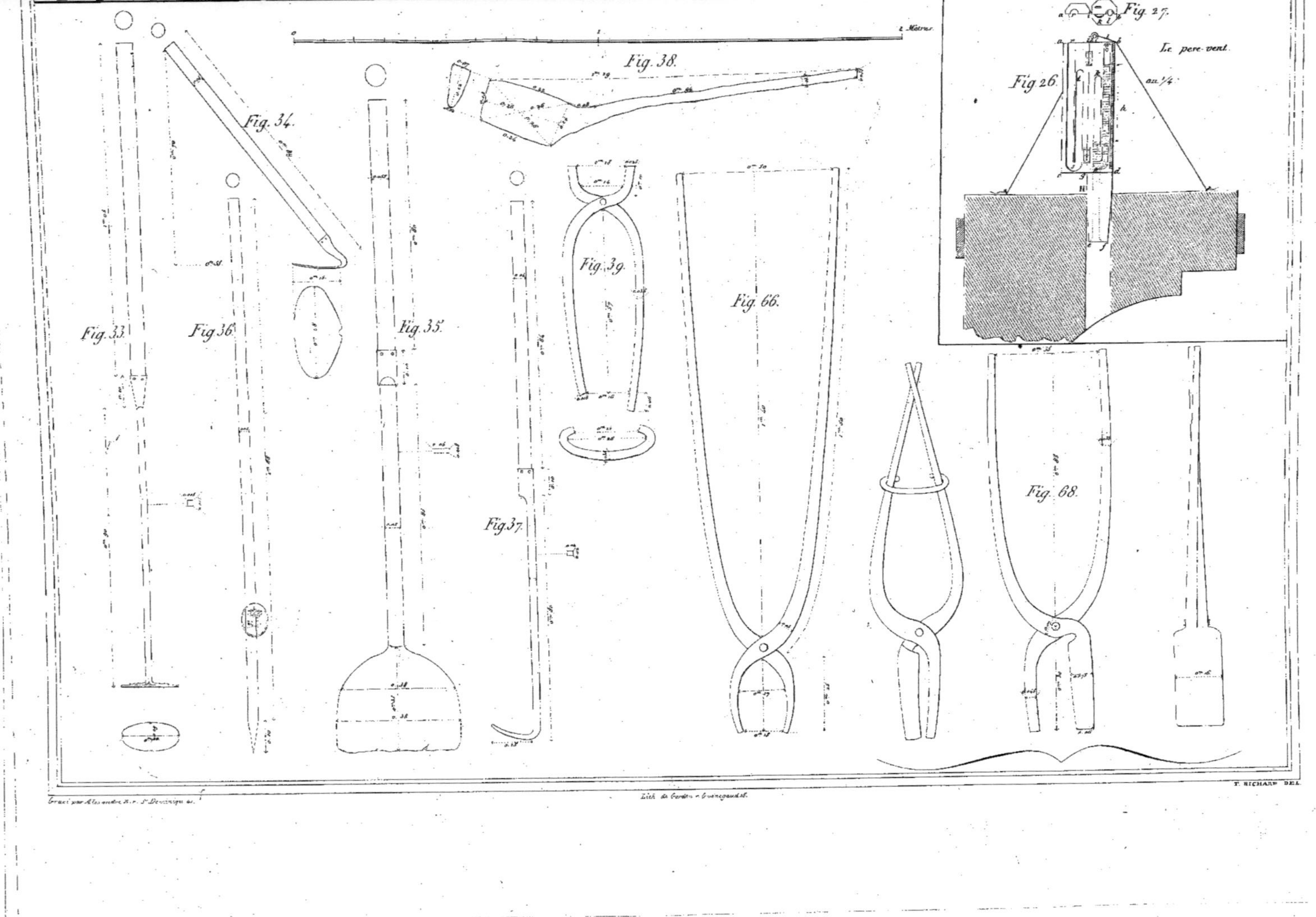

Fig. 27.
Fig. 26.
Le perce-vent.
au 1/4
2 Mètres.
Fig. 38.
Fig. 34.
Fig. 33.
Fig. 36.
Fig. 35.
Fig. 39.
Fig. 66.
Fig. 37.
Fig. 68.
T. RICHARD DEL.
Lith. de Gaulon & Guenegaud st.
Gravé par Alexandre R. r. St. Dominique 41.

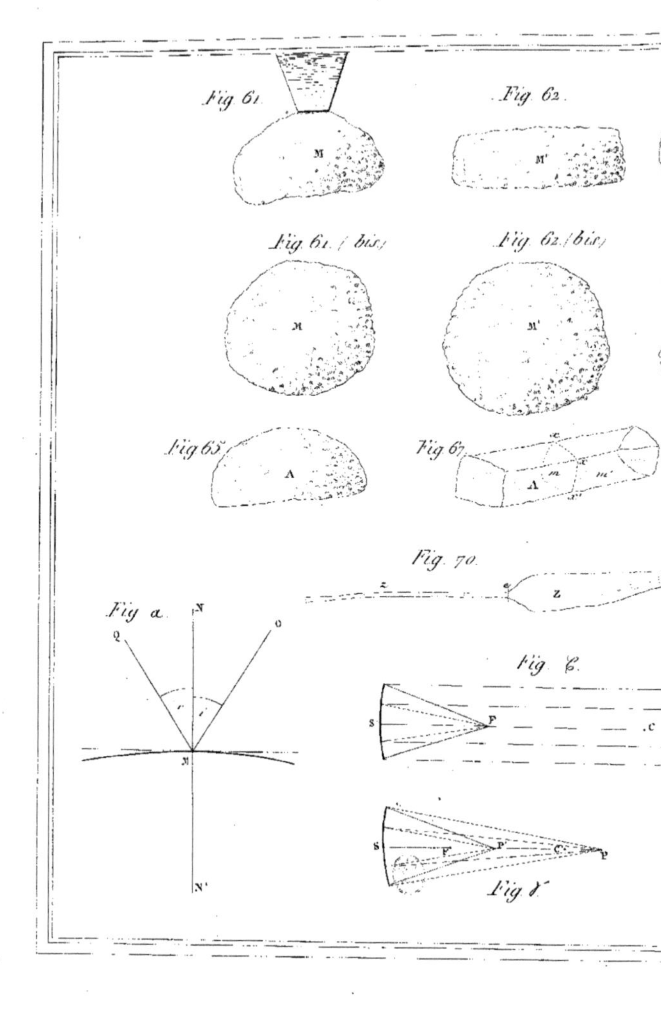

Fig. 61.
M
Fig. 62.
M'
Fig. 61 (bis)
M
Fig. 62 (bis)
M'
Fig. 65
A
Fig. 67
A
Fig. 70
z
z
Fig. a
Q
N
O
M
N'
Fig. e
S
F
Fig. v
S
F
P
C
P

Fig. 63.

Fig. 64.

Fig. 63 (bis.)

Fig. 64 (bis.)

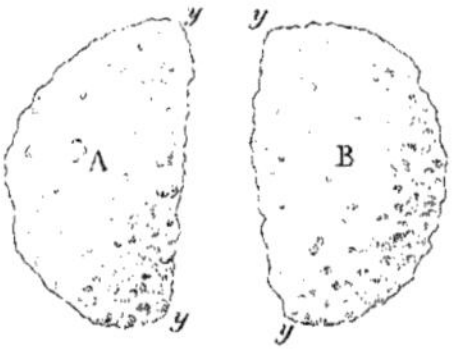

Fig. 69.

Fig. δ.

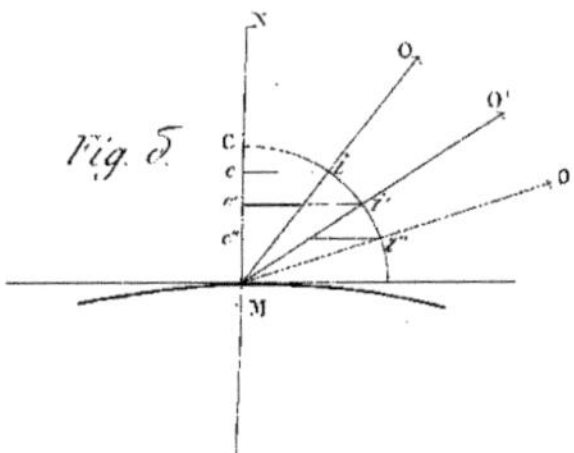

Fig. η.

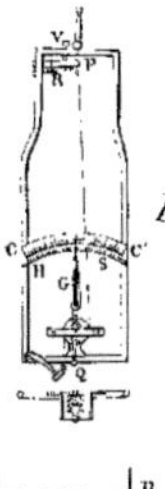

Fig. ζ.

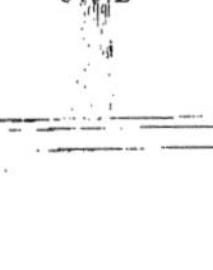

Fig. ε.

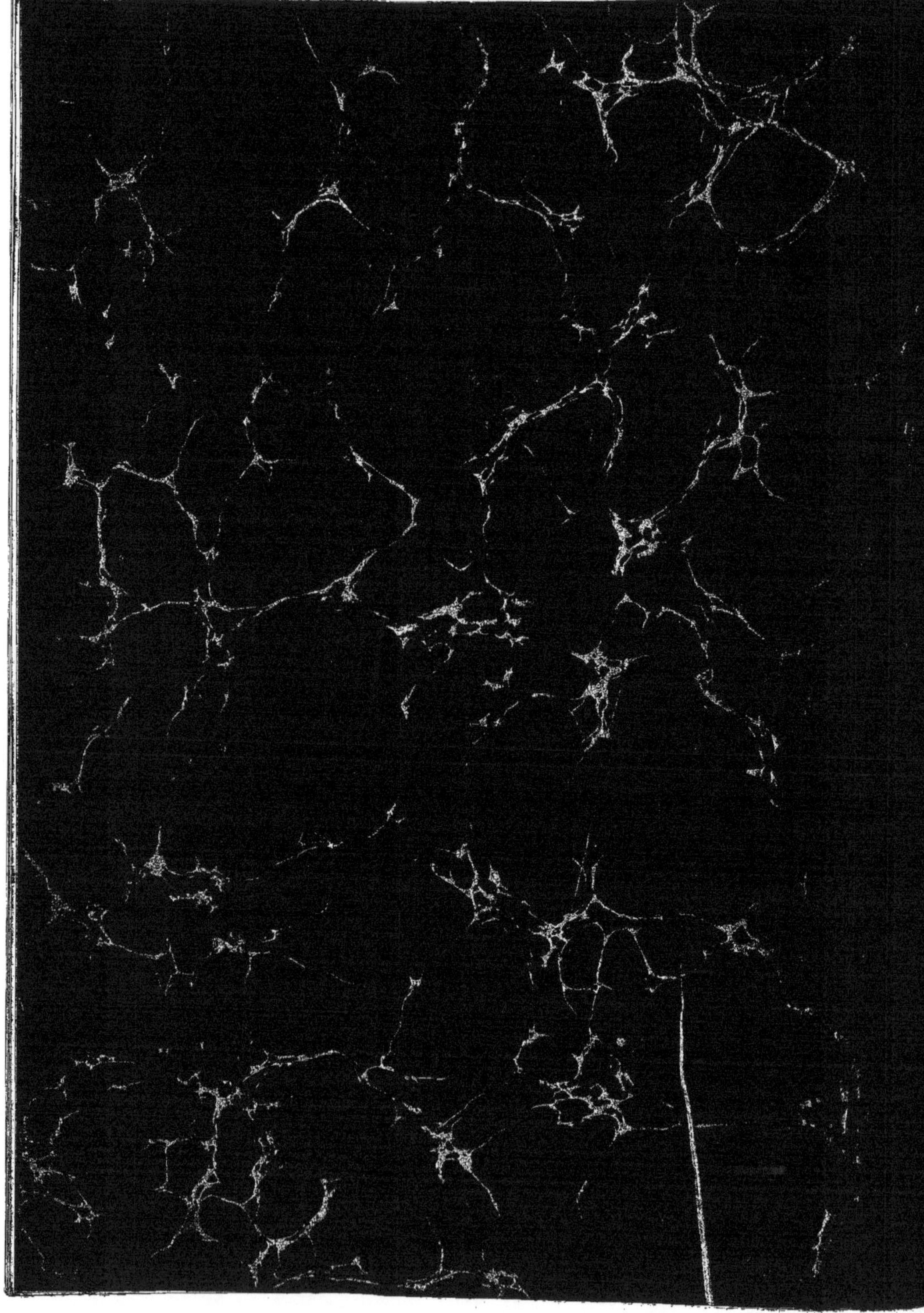

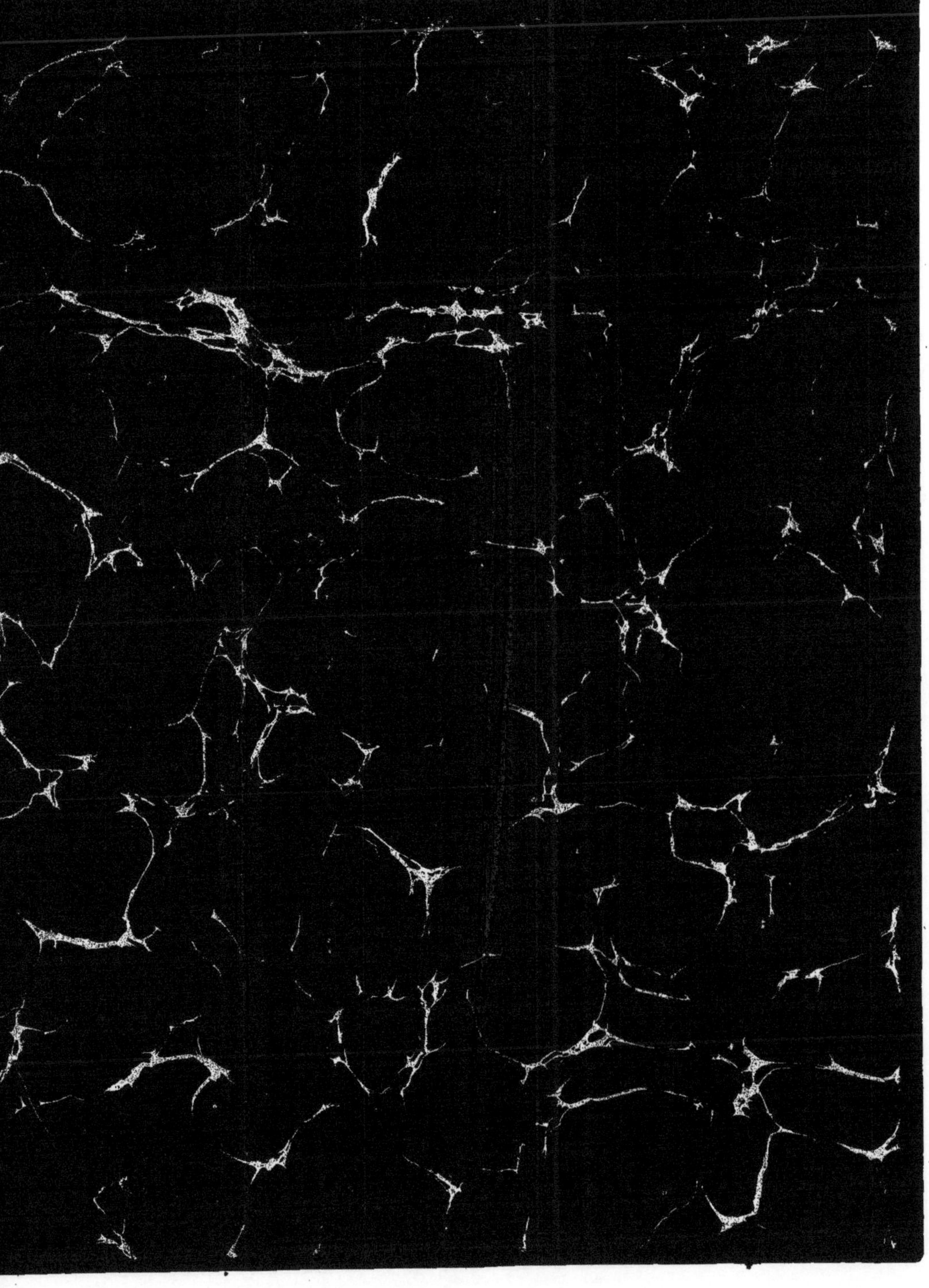

www.ingramcontent.com/pod-product-compliance
Ingram Content Group UK Ltd.
Pitfield, Milton Keynes, MK11 3LW, UK
UKHW021132140726
13695UKWH00004B/1849